FORSCHUNGSBERICHT DES LANDES NORDRHEIN-WESTFALEN

Nr. 2736/Fachgruppe Maschinenbau/Verfahrenstechnik

Herausgegeben im Auftrage des Ministerpräsidenten Heinz Kühn
vom Minister für Wissenschaft und Forschung Johannes Rau

o. Prof. Dr.-Ing. Rudolf Koller
Institut für
Allgemeine Konstruktionstechnik des Maschinenbaues
der Rhein.-Westf. Techn. Hochschule Aachen

Funktionsanalyse technischer Systeme und Erstellung von Hilfsmitteln zur Produktplanung und -entwicklung

Westdeutscher Verlag 1978

CIP-Kurztitelaufnahme der Deutschen Bibliothek

Koller, Rudolf
Funktionsanalyse technischer Systeme und Erstellung von Hilfsmitteln zur Produktplanung
und -entwicklung. - 1. Aufl. - Opladen: Westdeutscher Verlag, 1978.

   (Forschungsberichte des Landes Nordrhein-
   Westfalen ; Nr. 2736 : Fachgruppe Maschinen-
   bau, Verfahrenstechnik)
ISBN 978-3-531-02736-4   ISBN 978-3-322-88406-0 (eBook)
DOI 10.1007/978-3-322-88406-0

Gesamtherstellung: Westdeutscher Verlag

ISBN 978-3-531-02736-4

Inhalt

- 1 -

1. Ziel und Zweck des Forschungsvorhabens

Die Verkürzung der Marktlebensdauer und die zunehmende Vielfalt technischer Produkte hat zur Folge, daß die Zahl der Neu- und Weiterentwicklungen zunimmt, während der für die Entwicklung zur Verfügung stehende Zeitraum kürzer wird.

Hieraus ergibt sich die Notwendigkeit, die Belastung der Produktentwicklung abzubauen und ihre Produktivität zu steigern. Die erforderliche Rationalisierung und Automatisierung darf sich jedoch nicht nur auf die Normung und Standardisierung von Wiederholteilen, das automatische Erstellen von Fertigungsunterlagen wie Zeichnungen, Stücklisten, Steuerlochstreifen, etc. beschränken, sondern muß auch den Bereich der Lösungsfindung und -entwicklung erfassen.

Die Voraussetzungen hierfür schafft die Konstruktionsmethode durch eine Systematisierung des Konstruktionsprozesses, die darin besteht, daß der gesamte Prozeß in elementare Schritte zerlegt und algorithmisiert wird und daß für die konstruktive Bearbeitung jedes Schrittes geeignete Hilfsmittel zur Verfügung gestellt werden.

Im Rahmen dieses Forschungsvorhabens sollen die Grundlagen für eine automatisierte Lösungsfindung im Bereich der Festlegung des physikalischen Wirkprinzips bereitgestellt werden.

Nach den Erkenntnissen der bisherigen Forschungsarbeiten auf dem Gebiet der Konstruktionsmethodik ist es möglich, die komplexen Funktionen technischer Systeme auf eine begrenzte Zahl von Grundoperationen zurückzuführen, die sich direkt durch physikalische Vorgänge verwirklichen lassen (1,2,3,4,5).

In vorangegangenen Forschungsarbeiten sind bereits Hilfsmittel für die Verwirklichung der zwei wichtigsten Grundoperationen des Energie- und Signalumsatzes erstellt worden (6).

Ziel des hier beschriebenen Vorhabens ist es, die Grundoperationen des Stoffumsatzes zu analysieren und für sie ebenfalls Hilfsmittel in Form von Systematiken und Prinzipkatalogen zu schaffen. Diese sollen so aufgebaut sein, daß sie für die jeweilige Grundoperation möglichst alle existenten Lösungsalternativen aufzeigen.

2. Beschreibung des Konstruktionsprozesses

Die physikalisch-algorithmische Konstruktionsmethodik (PA-Methode) unterteilt den Prozeß der Produktentwicklung in elementare Arbeitsschritte und beschreibt sie durch Regeln und Algorithmen, so daß sie systematisch sowohl manuell als auch per EDV automatisch durchgeführt werden können. Ergebnis der einzelnen Vorgehensschritte ist eine Reihe von Lösungsalternativen, aus denen mit geeigneten Kriterien die günstigste ausgewählt und weiterverfolgt wird.

Die globale Unterteilung des Konstruktionsprozesses umfaßt die folgenden drei Bereiche

FUNKTIONSSYNTHESE, QUALITATIVE SYNTHESE, QUANTITATIVE SYNTHESE

Die weitere Untergliederung in einzelne Stationen und Tätigkeiten zeigt Bild 1.

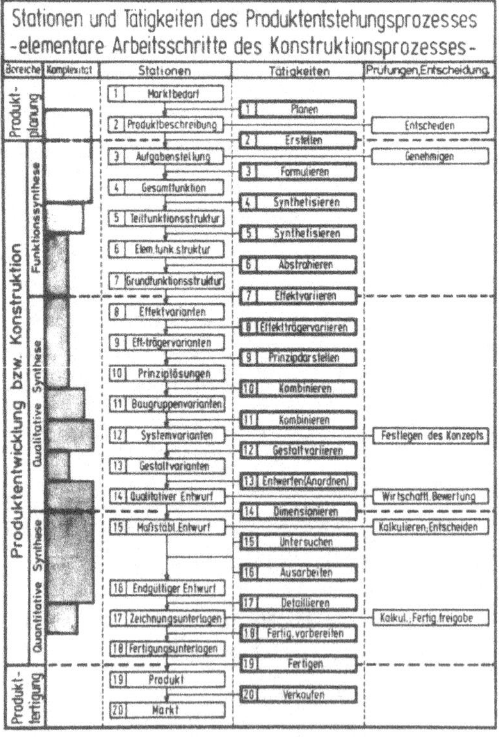

Bild 1: Stationen und Tätigkeiten des Produktentstehungsprozesses

Ein wesentliches Ziel der PA-Methode ist das Aufzeigen möglichst aller Lösungswege für eine Aufgabenstellung, um daraus
die günstigste Lösung ermitteln zu können. Zu diesem Zweck
werden in der "Funktionssynthese" anhand der Zweckbeschreibung
des zu entwickelnden Systems i.a. mehrere Strukturen entwickelt,
in welchen die bereits oben angesprochenen und in Bild 2 dar-
gestellten Grundoperationen logisch miteinander verknüpft werden.

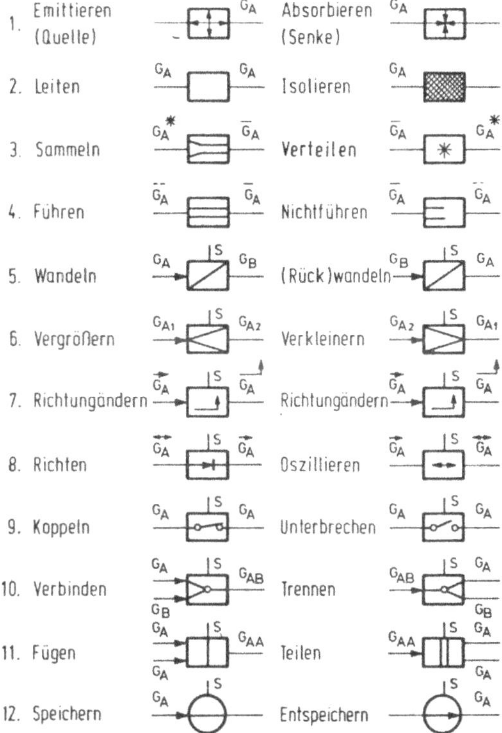

Bild 2: Physikalische Elementarfunktionen bzw. Grundoperationen
und deren Symbole

Den ersten Schwerpunkt der Lösungsfindung in der "Qualitativen
Synthese", in die das Forschungsvorhaben einzuordnen ist, bil-
det die Prinzipvariation.

Hier wird zunächst jede Grundoperation durch einen von mehreren
gleichwertigen Effekten ersetzt, die in der jeweils zugehörigen
Systematik der physikalischen Effekte angegeben werden. In

einem weiteren Schritt wird dem Effekt ein geeigneter Werkstoff
zugewiesen. Diese Angaben sind zur Darstellung der Prinziplö-
sung des Funktionselementes erforderlich, so daß sich Prinzip-
varianten durch den Wechsel von Effekt und/oder Effektträger
ergeben. Mit Hilfe von Gestaltungs- und Kombinationsregeln
werden weitere Lösungsalternativen ermittelt, selektiert und
schließlich der qualitative Entwurf erzeugt, der anschließend
in der "Quantitativen Synthese" durch Dimensionieren, Detail-
lieren, etc. bis zur Fertigungsreife aufbereitet wird (7).

3. Beschreibung der Hilfsmittel

In der Einleitung war bereits angedeutet worden, daß das Ziel
des Vorhabens die Erstellung von Hilfsmitteln für die Grundoperationen des Stoffumsatzes und zwar speziell für den Bereich
der Effektvariation bis Prinzipdarstellung ist. Das heißt kon-
kret, es werden Systematiken physikalischer Effekte und die
zugehörigen Prinzipkataloge erarbeitet, die im folgenden kurz
beschrieben werden sollen:

Als Systematiken physikalischer Effekte werden Tabellen be-
zeichnet, die - soweit es sinnvoll ist - für jede Grundoperation erstellt werden und alle zur physikalischen Realisation
der Grundoperation geeigneten Effekte enthalten.

Neben dem Effektteil, der die physikalischen Effekte enthält,
weisen die Systematiken in einigen Fällen noch einen sogenann-
ten "Ergänzungsteil" auf. Hierin wird zusätzlich auf weitere
Lösungswege hingewiesen, so zum Beispiel auf den Ersatz der
betreffenden Grundoperation durch Grundoperationsstrukturen,
die den gleichen Zweck erfüllen.

Im nächsten Schritt des Produktentwicklungsprozesses erfolgt
die Prinzipdarstellung. Hilfsmittel zur Durchführung dieses
Schrittes sind Prinzipkataloge, die in Tabellenform aufgestellt
sind und in der Regel die Spalten Effekt, Prinzipskizze, Ge-
setz, Bemerkungen, Anwendung und Literatur umfassen.

Die in der Systematik angegebenen Effekte werden in der gleichen Reihenfolge in den Prinzipkatalog übernommen. Ihnen wird
jeweils eine Prinzipskizze zugeordnet, die die erforderliche
Anordnung von Effekt, Effektträger und umzusetzender Größe dar-
stellt. Weiterhin wird die zugrundeliegende Gesetzmäßigkeit
soweit erforderlich und bekannt angegeben, sowie auf Einschrän-
kungen, Besonderheiten und Anwendungsbeispiele hingewiesen.
Schließlich werden noch Literaturstellen genannt, die die physikalischen Grundlagen behandeln oder weitere anwendungsbezo-
gene Auskünfte geben.

Der besseren Handhabung wegen, werden die meist umfangreichen
Prinzipkataloge in einzelne Blätter unterteilt, auf denen je-
weils vier Effekte behandelt werden. In Fällen, in denen die
Systematiken wegen der Zuordnung der Effekte zu verschiedenen
Ordnungskriterien z.B. einen zweidimensionalen Aufbau auf-
weisen, wird das Auffinden von Effekten im zugehörigen Kata-
log durch die Angabe von Ordnungsmerkmalen z.B. Angabe der
Zeile und Spalte in der Überschrift erleichtert.

4. Bearbeitung der einzelnen Grundoperationen

Vor der Analyse der Grundoperationen des Stoffumsatzes und der
Erstellung von Hilfsmitteln soll erst die den Betrachtungen
zugrundegelegte Bedeutung der Begriffe "Stoff", "Stoffelement"
und "Stofffluß" dargestellt werden.

Stoffe bestehen aus Molekülen, die bei chemisch einheitlichen
Stoffen einander völlig gleich und bei chemisch uneinheitlichen
Stoffen (Gemische, Emulsionen, Lösungen, etc.) voneinander
verschieden sind.

Die Eigenschaften eines Stoffes beruhen auf den Eigenschaften
seiner Moleküle sowie auf der Art der molekularen Struktur.
Sie dienen der Beschreibung des Stoffes und sind für die Realisation der Grundoperation durch physikalische Effekte von
Bedeutung. Daß sich die Stoffe abhängig von der Größe der molekularen Zusammenhaltskräfte in feste, flüssige und gasförmige
unterteilen lassen, wird nur der Vollständigkeit halber er-
wähnt.

In der PA-Methode dient der Begriff "Stoff" neben "Energie" und
"Signal" zur Kennzeichnung der Umsatzart eines Systems.

Der Begriff "Stofffluß" ist mit der Vorstellung des Fließens
verknüpft und spricht damit den Durchsatz von Stoff in tech-
nischen Systemen an. Daneben kann er auch synonym zu "Stoff"
verwendet werden, wenn z.B. in einer Grundoperationsstruktur
die Aufeinanderfolge von mehreren Tätigkeiten (Grundoperationen)
an ein und demselben Stoff angesprochen wird. "Stoffelemente"
sind die einzelnen Partikel als elementare Bestandteile von
Stoffen bzw. Stoffflüssen. Sie können je nach Stoffart mikros-
kopische oder makroskopische Teile sein, ihr Größenspektrum
reicht je nach Betrachtungsweise vom Molekül bis hin zum Werk-
stück oder zur kompletten Maschine.

Bei der Untersuchung der einzelnen Grundoperationen im Hinblick auf ihre Bedeutung für den Stoffumsatz zeigte sich, daß
es nicht erforderlich ist, für alle zwölf Grundoperationen
und deren Inversionen Systematiken physikalischer Effekte
und Prinzipkataloge zu erstellen.

Stoffquellen und -senken können entweder als gegeben angesehen
werden, dann haben sie keine Bedeutung für den Konstrukteur
oder sie sind zu entwickeln, dann müssen sie in einer speziellen Operationsstruktur dargestellt werden. Im Rahmen der PA-
Methode haben diese beiden Operationen eine mehr formale Bedeutung, indem sie darauf hinweisen, daß Stoffflüsse irgendwo
beginnen und irgendwo enden müssen.

Ebenso lassen sich für das "Leiten" von Stoffen keine Effekte
angeben. Leiten ist nicht als eigentliche Tätigkeit, sondern
im Sinne von Leitfähigkeit zu sehen und Voraussetzung für die
Ausbreitung von Stoffflüssen.

"Nichtführen" ist keine direkte Inversion zu "Führen" im Sinne
von Aufheben oder Rückgängigmachen von Führungsmaßnahmen, sondern besagt lediglich, daß Stoffe auch ungeführt fließen können.
Das bedeutet, es sind keine Maßnahmen zur Durchführung dieser
Operation erforderlich, so daß auch keine Systematik erstellt
werden muß.

Stoffe können zur Durchführung einer Oszillation veranlaßt werden, indem die Richtung des Potentialgefälles, d.h. die Richtung der sie antreibenden Kraft, z.B. eines Druck- oder Kon-
zentrationsunterschiedes vertauscht wird. Da sich dieses Pro-
blem in die beiden Teilprobleme: Oszillieren einer Kraft und
Übertragung dieser Kraft zerlegen läßt, können geeignete Lösungen den Systematiken "Oszillieren" von Energie und Signalen
und "Verbinden" von Stoff und Energie entnommen werden.

Die Bearbeitung der Grundoperationen "Wandeln" und "Vergrößern"
von Stoffen ist zur Zeit noch nicht abgeschlossen, so daß diese Systematiken hier noch nicht vorgestellt werden können. Diese beiden Operationen dienen der Beeinflussung von Stoffeigenschaften und zwar soll unter "Wandeln" die qualitative, sprung-
hafte Änderung der Eigenschaften in Abhängigkeit von Einflußgrößen verstanden werden, während unter "Vergrößern" eine möglichst lineare und unbedingt reversible Änderung der Stoffeigenschaften gefaßt wird.

In den zugehörigen Systematiken werden nicht wie in den übrigen Systematiken physikalische Effekte, sondern die Abhängig-
keiten der Stoffeigenschaften von allen technisch verwertbaren

Einflußgrößen zusammengetragen und deren charakteristischer
Verlauf für alle technisch interessanten Stoffe angegeben.

Die Systematiken bekommen die Form einer Matrix, deren Zeilen-
zahl der Anzahl der Einflußgrößen entspricht und deren Spal-
tenzahl sich aus der Anzahl der Eigenschaften ergibt.

In beiden Fällen können keine Prinzipskizzen angegeben werden,
da sich hier keine geometrischen Anordnungen, sondern nur die
Änderung von stofflichen Eigenschaften in Abhängigkeit der
Einflußgrößen darstellen läßt. Aus diesem Grund werden für beide Grundoperationen keine Prinzipkataloge erarbeitet und die
erforderlichen Literaturangaben mit in die Systematiken hinein-
genommen.

In den sechs Zwischenberichten zu diesem Vorhaben sind zwischen
1974 und 1976 Systematiken und Prinzipkataloge für die folgenden Grundoperationen vorgestellt worden: Wandeln/Vergrößern
von Energie und Signalen sowie Richtungändern, Koppeln, Unterbrechen, Verbinden, Trennen und Teilen von Stoffen.

Da vorgesehen ist, alle Systematiken in einer Neuauflage
von (7) zu veröffentlichen, soll darauf verzichtet werden,
diese Unterlagen nochmals vorzustellen.

Aus dem gleichen Grund sollen die Prinzipkataloge zu den noch
ausstehenden Grundoperationen: Isolieren, Sammeln, Verteilen,
Führen, Richten, Speichern und Entspeichern von Stoffen nur
auszugsweise in den Bericht aufgenommen werden.

Im folgenden sollen diese Grundoperationen besprochen werden,
wobei ihre Bedeutung, Definition, Systematik und Prinzipkatalog in komprimierter Form aufgezeigt werden.

Isolieren

In stoffumsetzenden Systemen stellt sich oft die Aufgabe, zu
verhindern, daß sich aufgrund einer Potentialdifferenz (Druckdifferenz, Konzentrationsgefälle ...) ein Stofffluß ausbrei-
tet bzw. ein Stoff ungewollt in einen anderen Raum eindringt.
Verallgemeinernd läßt sich sagen: die Notwendigkeit zu "Isolieren" ist immer da gegeben, wo zwei oder mehr definierte
Räume aneinandergrenzen, zwischen denen kein Stofffluß oder
Stoffaustausch stattfinden darf. Wird der zu isolierende Raum
bereits durch mehrere aneinandergrenzende Wände definiert, so
besteht die Aufgabe des Isolierens darin, die Stoßfugen undurchlässig zu machen.

Als Beispiel für "Isolieren" kann ein Getriebegehäuse angesehen werden, das gleichzeitig das Auslaufen von Öl und das
Eindringen von Fremdstoffen wie Wasser, Staub, etc. verhindert,
indem es für diese Stoffe undurchlässig ist.

Definition:

Unter "Isolieren" von Stoffen sind Tätigkeiten zu verstehen,
die dazu dienen, die Ausbreitung von Stoffflüssen zu verhindern.

Systematik

In der Systematik für die Grundoperation "Isolieren" von Stoffen sind Effekte enthalten, die Undurchlässigkeit für Stoffe
erzeugen. Die Undurchlässigkeit kann entweder durch Stoffe oder
Kraftfelder hervorgerufen werden. Sie verhindert, daß die zu
isolierenden Stoffe die gegebenen Grenzen überschreiten und
ist dabei gleichzeitig von der Art des zu isolierenden Stoffes
und der Größe der herrschenden Potentialdifferenz abhängig.
So ist z.B. ein Sieb für grobe, feste Stoffe undurchlässig,
während Flüssigkeiten und Gase nahezu ungestört passieren
können; eine höhere Qualität der Undurchlässigkeit ist bei

einer festen Wand gegeben, durch die evtl. nur noch bestimmte
Gase hindurch diffundieren können.

Da die großflächige Isolation von Räumen in der Regel mit un-
durchlässigen Stoffen (Wände, Gehäuse ...) erreicht wird,
"beschränkt" sich das konstruktive Isolieren auf die verblei-
benden Stoßfugen und wird besonders dann problematisch, wenn
die benachbarten Teile aus funktionellen Gründen eine Rela-
tivbewegung ausführen müssen und zwischen den zu trennenden
Räumen eine große Potentialdifferenz (z.B. Druckdifferenz) besteht.

Aus diesem Grunde sind die Prinzipskizzen im Prinzipkatalog an
diesem Schwerpunkt orientiert.

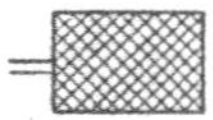

		Effektteil		
		Prinzip 1 Undurchlässigkeit von Stoffen	**Prinzip 2** Undurchlässigkeit von Kraftfeldern	**Ergänzungsteil**
begrenzende Bauteile		undurchlässiges Medium	Coulomb I Coulomb II	1. Die Potentialdifferenz der Räume wird zu Null gemacht a) Innendruck (-konzentration) wird auf Außendruck (-konzentration) abgesenkt $(p_1 \doteq p_2 ; c_1 \doteq c_2)$ b) Außendruck (-konzentration) wird auf Innendruck (-konzentration) erhöht $(p_2 \doteq p_1 ; c_2 \doteq c_1)$ 2. Die Potentialdifferenz der Räume wird durch eine zusätzliche Senke örtlich zu Null gemacht 3. Die Richtung der Potentialdifferenz der Räume wird örtlich umgekehrt 4. Der durch die Potentialdifferenz der Räume verursachten Strömung wird Energie abgezogen
		fest	flüssig	
	unbewegt	Stoffschluß Kraftschluß Formschluß	hydrostatischer Druck Kapillardepression Coulomb II	
	bewegt	Form- und Kraftschluß – selbsttätige Anpressung – erzwungene Anpressung	Fliehkraft Kapillardepression Coulomb II	

Bild 3: Systematik für die Grundoperation "Isolieren" von Stoffen

				Prinzip 1
			G$_A^*$	Undurchlässigkeit von Stoffen flüssig, bewegt

Effekt	Prinzipskizze	Gesetz	Bemerkungen	Anwendung	Literatur
Fliehkraft		$\Delta p = \dfrac{d_a{}^2 - d_i{}^2}{8g}\,\bar{\omega}^2 p$ $\bar{\omega} \approx (0.5 \div 0.8)\omega$	Ist die Druckdifferenz zu groß, können mehrere Ringe hintereinander geschaltet werden.		121 S. 220
Kapillar-depression			Die Oberflächenspannung der Flüssigkeit muß sehr groß sein.		2 S. 131
Coulomb 2			Bei der Flüssigkeit handelt es sich um eine magnetische Flüssigkeit. Die Halterung des Magneten muß aus nichtmagnetisierbarem Stoff bestehen.		342 S. 173

Bild 4: Auszug aus dem Prinzipkatalog: "Isolieren" von Stoffen

<u>"Sammeln"</u>

Ziel und Zweck der Grundoperation "Sammeln" ist sowohl das Zusammenführen mehrerer definierter Stoffflüsse als auch das Zusammenziehen und Konzentrieren von statistisch verteilten frei beweglichen Stoffen zu einem Fluß bzw. Strahl. Bei dieser Operation kommt es nur auf die <u>räumliche</u> Vereinigung von Flüssen an, so daß die Vereinigung gleichzeitig oder nacheinander erfolgen und sich auf gleiche oder verschiedenartige Stoffe beziehen kann.

Die Vereinigung der Flüsse wird durch eine geeignete Anordnung der Führungen oder die Wirkung von Kraftfeldern erzwungen, wobei in jedem Fall ein materieller oder immaterieller "Trichter" gebildet wird.

Beispiele sind Trichter und Leitungsknoten. In der Skizze sind die beiden oben angesprochenen Fälle angedeutet.

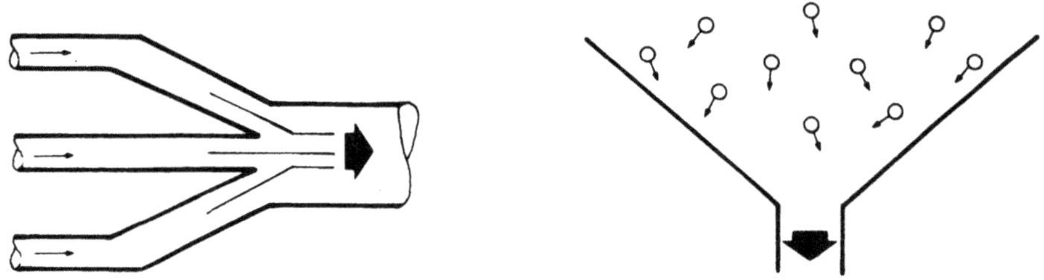

<u>Definition:</u>
"Die Grundoperation "Sammeln" von Stoffen umfaßt Maßnahmen, die dazu dienen, geführte und ungeführte Stoffe zu einem Fluß zusammenzuführen."

<u>Systematik</u>

Die in der Systematik für die Grundoperation "Sammeln" angegebenen Effekte dienen dazu, Stoffe durch eine Kraft senkrecht zur ursprünglichen Flußrichtung in einen gemeinsamen Fluß umzulenken. Weil die Unterscheidung: "geführt" - "ungeführt" für die physikalische Realisation ohne Bedeutung ist, besteht die Systematik nur aus einer Auflistung geeigneter Effekte.

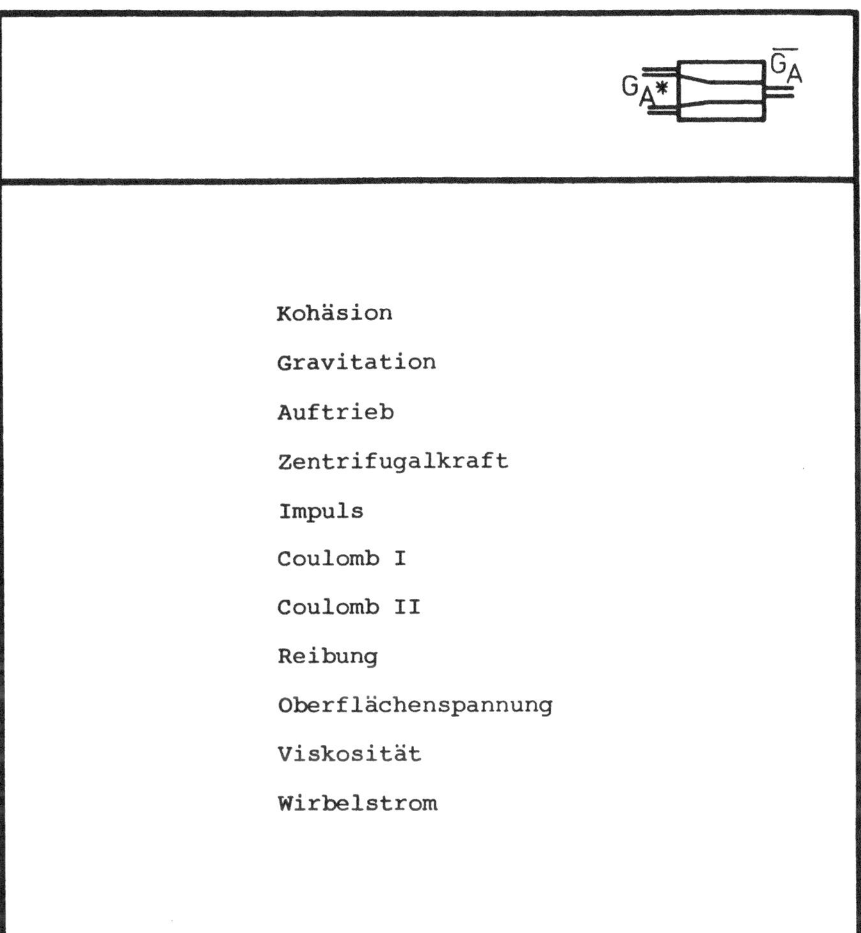

Bild 5: Systematik für die Grundoperation "Sammeln" von Stoffen

Effekt	Prinzipskizze	Gesetz	Bemerkungen	Anwendung	Literatur

Kohäsion				- Trichter
				- Zusammenfüh-
				  rungen
				  von Rohren
				    Rutschen
				    Rinen
				    etc.
					33.II - S. 71

Impuls					1 - S. 92 2 - S. 28
Coulomb II			Bedingung: Stoff muß magnetisier- bar sein.		1 - S. 491 2 - S. 334
Oberflächen-spannung			Anordnung von schlecht be- netzbaren Flächen derart, daß ein trichterförmiger Flußverlauf entsteht.		1 - S. 245 2 - S. 162

Bild 6: Auszug aus dem Prinzipkatalog: "Sammeln" von Stoffen

Verteilen

Analog zur Grundoperation Sammeln ist das Ziel der Grundoperation "Verteilen" die Zerlegung von Stoffflüssen sowohl in eine
begrenzte Zahl definierter Teilflüsse als auch in eine belie-
bige Anzahl von ungeführten, frei beweglichen Stoffelementen.
Auch hier kann es sich um homogene Stoffe wie um Stoffgemische
handeln, allerdings dürfen die zum "Verteilen" eingesetzten
Effekte nicht zu einer Zerlegung der Gemische führen. Ebenso
wie bei "Sammeln" kommt es beim "Verteilen" auf die räumliche
Verteilung eines Flusses an, so daß die Verteilung nicht für
alle Richtungen gleichzeitig erfolgen muß.

Beispiele sind Rohrverzweigungen, Zerstäuberdüsen sowie ro-
tierende Streuteller für körnige Güter.

Definition:
"Die Grundoperation "Verteilen" umfaßt Maßnahmen, die dazu
dienen, Stoffflüsse in eine Vielzahl von Teilflüssen zu zerlegen, wobei die Teilflüsse sowohl geführte als auch ungeführte
Flüsse sein können."

Systematik

Da die Realisation der unterschiedlichen Teilziele zum Teil den
Einsatz von unterschiedlichen Effekten und auf jeden Fall eine
spezielle Anordnung der Effekte erfordert, gliedert sich die
Systematik für die Grundoperation "Verteilen" von Stoffen in
zwei Blöcke, die jeweils die Effekte für die Realisation eines der Teilziele enthalten.

Statistisches Verteilen	Verteilen auf def. Stoffflüsse (Verzweigen)
Kohäsion	Kohäsion
Gravitation	Gravitation
Auftrieb	Auftrieb
Zentrifugalkraft	Zentrifugalkraft
Impuls	Impuls
Coulomb I	Coulomb II
Coulomb II	Bernoulli
Massenträgheit	Coulombsche Reibung
Expansion	Newtonsche Reibung
Turbulenz	Oberflächenspannung
Schallwellen	Massenträgheit
Reflexion	Unterdruck

Bild 7: Systematik für die Grundoperation
"Verteilen" von Stoffen

Aus der Zweiteilung der Systematik ergibt sich eine
entsprechende Unterteilung des Prinzipkataloges.

Statistisches Verteilen					
Effekt	**Prinzipskizze**	**Gesetz**	**Bemerkungen**	**Anwendung**	**Literatur**
Kohäsion			Gebündelter Strahl wird durch die Geometrie der Führung in eine Vielzahl von Teilflüssen zerlegt.	– Gießkanne – Dusche – Rasensprenger	
Gravitation			Stoffstrom darf nicht parallel zu den Gravitationskräften eingeleitet werden.		1 – S. 147 2 – S. 99
Auftrieb			Bedingung: $\rho_2 < \rho_1$		1 – S. 150 2 – S. 125 350 – S. 1289

Zentrifugalkraft			Zentrifugalkräfte ermöglichen eine radiale Verteilung der Stoffteilchen.	– Flüssigkeits-
				  zerstäuber
				– Düngemittel-
				  streuer
				– Kreiselkraft-
				  düse
					1 – S. 105
					2 – S. 67
					33.I – S. 296
					34 – S. 313

Bild 8: Auszug aus dem Prinzipkatalog: "Verteilen" von Stoffen (statistisches Verteilen)

					Verteilen auf def. Stoffflüsse (Verzweigen)
Effekt	**Prinzipskizze**	**Gesetz**	**Bemerkungen**	**Anwendung**	**Literatur**
Kohäsion / Undurchlässigkeit	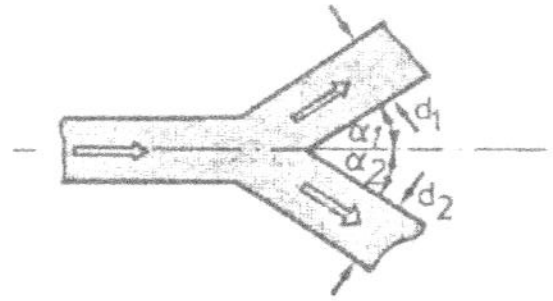	$Q_{Ga} = f(d_1, d_2, \alpha_1, \alpha_2)$		Verzweigen von Rohrleitungen Rutschen Förderbänder etc.	33.I - S. 295 - S. 300 50 - S. 116 70 - S. 54
Gravitation	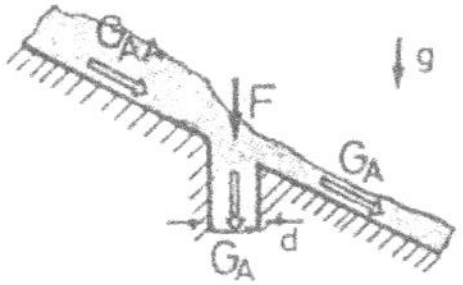	$F = mg$ $Q_{Ga} = f(d)$		Berieselungsanlage	1 - S. 147 2 - S. 99 33.I - S. 297 33.II- S. 74
Auftrieb	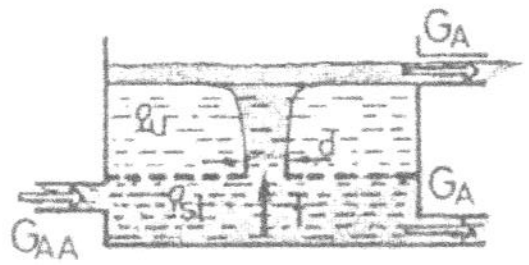	$F = (\rho_u - \rho_{st})gV$ $Q_{Ga} = f(d, F)$ $V =$ Verdrängtes Volumen des Stoffflusses	Auf Grund des Auftriebes kann ein Teil des Stoff=flusses durch eine Öffnung des Gitters ent=weichen		1 - S. 150 2 - S. 125 349 - S. 1289
Zentrifugalkraft	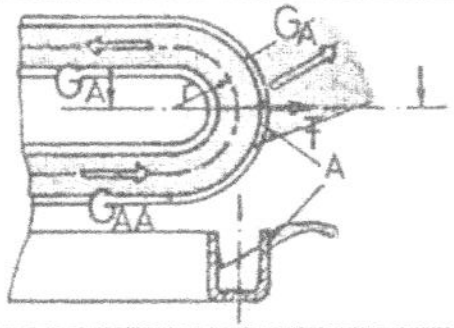	$F = mr\omega^2$ $Q_{Ga} = f(A, F)$	Prinzip bei Gasen auf Grund der geringen Wichte nur bedingt möglich		1 - S. 105 2 - S. 67 33.I - S. 296

Bild 9: **Auszug aus dem Prinzipkatalog: "Verteilen" von Stoffen (Verzweigen)**

Führen

Unter den Begriff "Führen" werden zwei Aufgabenkomplexe gefaßt:

    der erste besteht darin, einen Stoff auf einer bestimmten Bahn zu bewegen und die Einhaltung dieser Bahn zu gewährleisten,

    der zweite verfolgt das Ziel einen bereits gebündelten Stoff daran zu hindern, sich wieder zu verteilen.

Im ersten Fall kommt es darauf an, einen Körper ohne Abweichungen oder innerhalb gewisser Toleranzbreiten auf einer geometrisch vorgegebenen Bahn zwischen zwei Orten zu bewegen. Beispiele sind die Support- und Tischführungen von Werkzeugmaschinen, die Kugelführungen in Kugellagern, ...

Im zweiten Fall kommt es weniger auf die exakte Einhaltung eines bestimmten Weges zwischen zwei Orten an, sondern vielmehr darauf, einen Stofftransport ohne Streuverluste zu ermöglichen. Als Beispiel hierfür möge ein Wasserschlauch dienen, der zwar einen beliebigen Weg zwischen Wasserhahn und Verbraucher nimmt, den gesamten Wasserstrom aber zur Einhaltung dieses Weges zwingt.

Zusammenfassend läßt sich sagen, daß in beiden Fällen eine Führung dafür sorgt, daß dem Stoff entlang des gesamten Weges Grenzen senkrecht zur gewünschten Flußrichtung gesetzt sind, die er nicht überwinden kann.

Definition:
"Die Grundoperation "Führen" von Stoffen umfaßt Tätigkeiten, die dazu dienen, einen Stofftransport zwischen zwei Orten A und B zu ermöglichen und ihn <u>dauernd</u> so zu beeinflussen, daß der vorgegebene Weg zwischen beiden Orten eingehalten wird bzw. keine Leckverluste auftreten."

Systematik

Die Systematik für die Grundoperation "Führen" von Stoffen besteht aus zwei Teilen:

Der erste Teil enthält Effekte zur dauernden Beeinflussung der Bahn, d.h. Effekte, die ständig eine Kraft senkrecht zur Flußrichtung auf den Stoff ausüben.

Ideal ist dort nur die Kohäsion (Formsteifigkeit), die eine starre Führung erlaubt, während alle weiteren Effekte mehr oder weniger nachgiebig sind.

Im zweiten Teil der Systematik (Ergänzungsteil) wird darauf verwiesen, daß einem Stoff auch ohne ständige Beeinflussung eine Bahn aufgeprägt werden kann. Dies geschieht durch "Nicht-führen" und "Richtungändern" in diskreten Abständen, wobei aber äußere Störeinflüsse zu einer Abweichung von dieser Bahn führen können.

Effekte	Ergänzungsteil
Kohäsion	Richtungsändern
Fluid	
Hooke	
Boyle-Mariotte	
Coulomb I	
Coulomb II	
Impuls	
Auftrieb	
Oberflächenspannung	
Bernoulli	
Profilauftrieb	
Magnuseffekt	

Bild 10: Systematik für die Grundoperation
"Führen" von Stoffen

Effekt	Prinzipskizze	Gesetz	Bemerkungen	Anwendung	Literatur
Kohäsion			Bei Gleiten fest auf fest: wirkt großer Widerstand (Reibung $F_R = \mu\, F_m$) der Flußbewegung entgegen. Abhilfe: z.B.: Wälzen statt Gleiten, Reibpaarung fest – flüssig statt fest – fest.	Gleitführungen, Rinnen, Rohre,	72 S 446 ff
Hooke		$F_F = c \cdot \Delta s$	siehe Kohäsion	Nachführung von Massen, Toleranzausgleich	72 S 365 ff
Oberflächenspannung		$F_F = 2\sigma \cdot l$ $l \triangleq$ benetzte Länge	begrenzte Kraftaufnahme möglich, bei Überschreiten der max. Kraft schlagartiges Abreißen. In Bewegungsrichtung wird nur Flüssigkeitsreibung wirksam.		81 S 403
Boyle-Mariotte		$F_F = p_2 \cdot A$ $p_2 = p_1 \cdot V_1/V_2$ $= p_1 \cdot l_1/l_2$	mit Gasdruck vorgespannter Balken dient als Feder. (siehe Kohäsion)	Gasfeder zum Nachführen	79 S 180

Bild 11: Auszug aus dem Prinzipkatalog: "Führen" von Stoffen

Richten

Unter Richten sind Vorgänge zu verstehen, die sich dazu eignen,
aus einem oszillierenden Stofffluß einen Stofffluß zu erzeugen,
der sich nur in eine Richtung bewegt.

Da ein oszillierender Stofffluß durch eine oszillierende An-
triebskraft erzeugt wird, kann die Grundoperation "Richten" bereits eingesetzt werden, wenn aufgrund der Antriebsart eine Oszillation zu erwarten ist. Die zum Richten erforderlichen Maßnahmen setzen immer dann ein, wenn sich der Stoff im Verlauf
der Oszillation des Antriebes entgegengesetzt zur gewünschten
Richtung bewegen will.

Sie müssen den Stofffluß im Moment der Richtungsumkehr vor dem
Rückströmen (bei V=0) unterbrechen und beim Beginn des Vorwärts-
schubes wieder zulassen. Das bedeutet, daß die zum "Richten"
geeigneten Effekte die Flußrichtung feststellen und abhängig
von der Richtung den Stofffluß unterbrechen bzw. zulassen
müssen.

Definition:
"Die Grundoperation "Richten" von Stoffen umfaßt Tätigkeiten,
die dafür sorgen, daß ein Stofffluß nur in eine und zwar in
die gewünschte Richtung fließt, wenn aufgrund der Antriebsart
eine Oszillation hervorgerufen wird."

Systematik

In der Systematik sind Effekte bzw. Prinzipien angegeben, die
geeignet sind, die Strömungsrichtung festzustellen und den
Stofffluß bei Richtungsumkehr zu unterbrechen bzw. zuzulassen.

Folgende drei Tätigkeiten laufen dabei ab:

1. Feststellen der Strömungsrichtung bzw. -richtungsumkehr
2. Bereitstellen der zum Schalten erforderlichen Energie
3. Schließen bzw. öffnen des Strömungsquerschnittes

Die eigentlichen Effekte führen diese drei Tätigkeiten in _einem_
- geeignet angeordneten - Bauelement aus. Die im Ergänzungsteil
angeführten Prinzipien sind im wesentlichen dadurch gekennzeich-
net, daß sie die drei Tätigkeiten getrennt betrachten und durch
andere Operationen bzw. Operationsstrukturen ausführen.

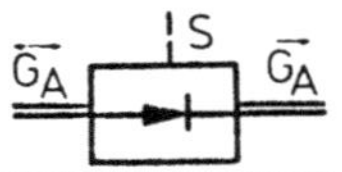

Effekte	Ergänzungsteil				
	EP$_1$	EP$_2$	EP$_3$	EP$_4$	EP$_5$
Strömungswiderstand Reibung Viskosität Wirbelstrom Magnuseffekt Profilauftrieb	Externe Unterbrechung des Stoffflusses mittels strömungsabhängigem Signal steuern. 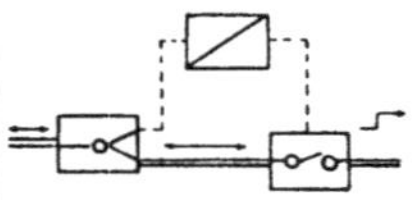 Effekte aus folgenden Systematiken: – "Trennen" von Stoff und Signal – "Wandeln" von Energie und Signalen – "Koppeln"-"Unterbrechen" von Stoffflüssen	Zusätzlichen Antrieb in Förderrichtung einsetzen  Effekte aus der Systematik: – "Verbinden" von Stoff und Energie	Einsetzen eines strömungswiderstandes 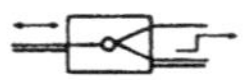 Effekte aus der Systematik: – "Trennen" von Stoff und Energie	EP2 und EP3 mit strömungsabhängigem Signal steuern 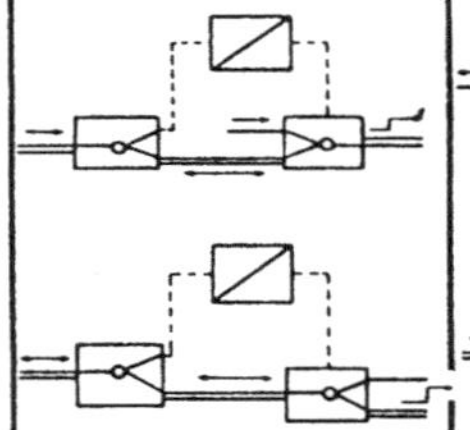 Effekte aus folgenden Systematiken: – "Trennen" von Stoff und Signal – "Wandeln" von Energie und Signal – "Trennen/Verbinden" von Stoff und Energie	Der oszillierende Antrieb wird abhängig von seiner Bewegungsrichtung aus bzw. in Eingriff gebracht 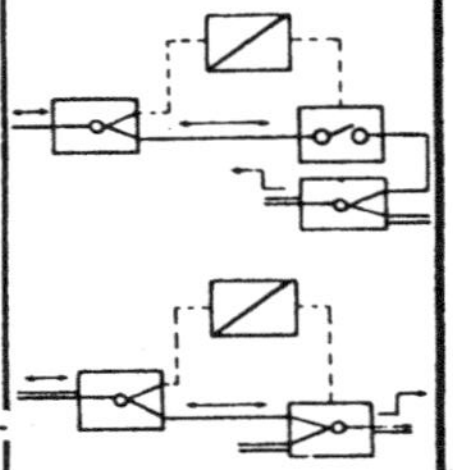 Effekte wie unter EP4, zusätzlich aus den Systematiken: – "Koppeln"-"Unterbrechen" von Stoffen

Bild 12: Systematik für die Grundoperation "Richten" von Stoffen

Effekt	Prinzipskizze	Gesetz	Bemerkungen	Anwendung	Literatur
Strömungs-widerstand			Sperrelement wird so an-geordnet, daß es durch Strömungswiderstand in der zu sperrenden Fluß-richtung gegen Anschlag läuft und den Querschnitt schließt.	Rückschlag-ventil	5 - S. 145
Reibung			Sperrelement wird so an-geordnet, daß es durch Reibung mit den Stoff-elementen in der zu sper-renden Richtung blockiert. Nur für feste Körper ge-eignet!	Richtgesperre	72 - S. 670
Viskosität			Sperrelement wird so an-geordnet, daß es durch Viskosität zur Schließung des Strömungsquerschnittes veranlaßt wird.		5 - S. 135
Wirbelstrom			Sperrelement (Magnetpaar) wird so angeordnet, daß es durch Wirbelstrom gegen Anschlag läuft und Stoffstrom eben-falls durch Wirbelstrom blockiert. Immer Schlupf!		5 - S. 364

Bild 13: Auszug aus dem Prinzipkatalog: "Richten" von Stoffen

Speichern

Bei jeder Art der Erstellung von Produkten und bei deren Umsatz besteht die Notwendigkeit, bestimmte Mengen von Gütern zwischen zwei Bearbeitungsgängen über einen bestimmten Zeitraum zu lagern.

Diese Lagerung bzw. Speicherung dient zur Überwindung der Zeitspanne zwischen den Zeitpunkten der Verfügbarkeit und des Bedarfs für ein Gut. An einen Stoffspeicher ist die Forderung zu stellen, daß er den erforderlichen Raum zur Verfügung stellen und gewährleisten muß, daß der Stoff während der Speicherzeit am Speicherort bleibt und ihn nicht ungewollt verläßt.

Definition:
"Unter "Speichern" von Stoffen sind Tätigkeiten zu verstehen, die dazu dienen, einen Stofffluß oder eine begrenzte Stoffmenge für eine bestimmte, ggfs. wählbare Zeitspanne an einen gewählten Ort innerhalb eines Systems zu binden bzw. dort zu lagern."

Systematik
Die Systematik für die Grundoperation "Speichern" von Stoffen gliedert sich in zwei Teile: den Effektteil und den Ergänzungsteil.

Im Effektteil werden zum Speichern geeignete physikalische Effekte angegeben, d.h. Effekte, die die zu speichernden Stoffe an den Speicherort binden.

Im Ergängzungsteil werden Maßnahmen angegeben, mit deren Hilfe eine Laufzeitverlängerung von Stoffen innerhalb ihrer Führungen erreicht werden kann. Hier werden die Stoffe nicht an einen speziellen Speicherort geführt, sondern zu einem verlängerten Aufenthalt in der Führung gezwungen, die Stoffe werden quasi in der Führung gespeichert.

$G_A \Rightarrow \bigcirc \to \quad S$

Effekte	Ergänzungsteil
Undurchlässigkeit / Kohäsion	Führung verlängern
Coulomb I	Querschnitt vergrößern
Coulomb II	Oszillieren
Adhäsion	
Oberflächenspannung	
Adsorption	
Absorption	
Dielektrikum im Kondensator	
Reibung	

Bild 14: Systematik für die Grundoperation
"Speichern" von Stoffen

Effekt	Prinzipskizze	Gesetz	Bemerkungen	Anwendung	Literatur
Kohäsion / Un-durchlässigkeit			Speicherung aller Arten von Stoffen	jede Art von Be-hälter: Tank Silo Gasflasche	32 I S. 405 61 62 63 80 - S. 295 S. 36
Coulomb II					1 - S. 48 2 - S. 137
Adsorption			Adsorption erfolgt in einmolekularer Schicht bis die gesamte Oberfläche des Adsorbens belegt ist.	Aktivkohle, Kieselgele, Oxidationsmittel in Schwarzpulver	11 - S. 454 80 - S. 21 f S. 80 34 - S. 503 ff S. 739 ff 1 - S. 256 2 - S. 132
Dielektrikum im Kondensator			Dielektrikum wird im Feld des Kondensators festgehalten, solange $\varepsilon_2 > \varepsilon_1$		1 - S. 457 2 - S. 280 3 - S. 191

Bild 15: Auszug aus dem Prinzipkatalog: "Speichern" von Stoffen

Entspeichern

Gespeicherte Stoffe müssen nach Ablauf der Speicherzeit wieder
dem Speicher entnommen werden können. Die Speichermaßnahmen
sind auf ein entsprechendes Signal hin rückgängig zu machen,
damit die gespeicherten Stoffe wieder in den regulären Stofffluß eingegliedert werden.

Dazu sind auf das Signal hin:

1. die Speicherkräfte aufzuheben
2. Kräfte aufzubringen, die den Stoff zum Verlassen des
   Speichers zwingen.

In vielen Fällen wird mit der Erfüllung von Forderung 1) auch
Forderung 2) erfüllt. Entweder handelt es sich dabei um eine
Integration, indem ein Effekt beide Forderungen erfüllt, oder
der gesamte Vorgang läuft in einem Kraftfeld ab, wobei dieses
nach der Realisation von 1) frei auf den Stoff wirken kann.

Beispiel:

- Öffnen eines Verschlusses im Behälterboden: freie Wirkung
  der Gravitation auf den Behälterinhalt

- Öffnen des Ventils einer unter Druck stehenden Gasflasche:
  Druckausgleich führt zum Abströmen des Gases

Definition:
"Entspeichern bedeutet, den gespeicherten Stoff auf ein Signal
hin aus dem Speicher abrufen und wieder der ursprünglichen Ver-
wendung bzw. dem direkten Fluß zuzuführen."

Systematik

Die Maßnahmen, die sich zum Entspeichern eignen, sind direkt
abhängig von der Art des "Speichereffektes". Das bedeutet, daß
jedem einzelnen Speichereffekt speziell angepaßte Maßnahmen
zuzuordnen sind.

Das heißt für den

- Effektteil: Aufheben bzw. Überwinden der Halte-
                        kräfte, die den Stoff an den Speicher-
                        ort binden ("Speicher öffnen")
                        und
                        den Stoff wieder in Bewegung setzen
                        ("Stoff entnehmen")

- Ergänzungsteil: Aufheben der Weg- bzw. Querschnitts-
                        vergrößerung oder der Oszillation

Die Systematik für die Grundoperation "Entspeichern" von Stoffen hat, da jedem Speichereffekt mehrere Maßnahmen zum Entspeichern zugeordnet werden können, einen sehr stark unterglieder-
ten Aufbau.

Wegen der zu großen Komplexität wird <u>kein</u> Prinzipkatalog erstellt.

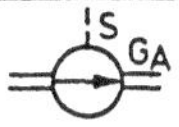

SPEICHERUNG DURCH		ENTSPEICHERN		
		Speicher öffnen		Stoff entnehmen
		Maßnahmen	Hilfskatalog	
EFFEKTTEIL	Undurchlässigkeit/ Kohäsion	Verschlußelement entfernen, Hüllfläche (lokal) zerstören, Hüllfläche durchlässig machen.	"Teilen" von Stoffen "Wandeln/Vergrößern" von Stoffen	"Verbinden" von Stoff und Energie
	Coulomb I	elektrisches Feld abschalten, Ladungen gleichnamig machen, Abreißkraft einsetzen.	"Verbinden" von Stoff und Energie	
	Coulomb II	Magnet abschalten, magnetische Eigenschaften beeinflussen, Abreißkraft einsetzen.	"Wandeln/Vergrößern" von Stoffen "Verbinden" von Stoff und Energie	
	Adhäsion	Abreißkraft einsetzen.	"Verbinden" von Stoff und Energie	
	Oberflächenspannung	Oberflächenspannung verringern, Abreißkraft einsetzen.	"Wandeln/Vergrößern" von Stoffen "Verbinden" von Stoff und Energie	
	Adsorption	Adsorptionsvermögen verringern, Konzentrationsgefälle erzeugen.	"Wandeln/Vergrößern" von Stoffen	
	Absorption	Absorptionsvermögen verringern, Konzentrationsgefälle erzeugen.	"Wandeln/Vergrößern" von Stoffen	
	Reibung	Normalkraft verringern, Reibungskoeffizient verkleinern, Abreißkraft einsetzen.	"Wandeln" von Energie und Signalen "Wandeln/Vergrößern" von Stoffen "Verbinden" von Stoff und Energie	
ERGÄNZUNGSTEIL	Verlängern des zu durchlaufenden Weges	Verlängerung rückgängig machen.		entfällt
	Vergrößern des Querschnittes	Querschnittvergrößerung rückgängig machen.		
	Oszillieren	Oszillation aussetzen, Bewegung in Flußrichtung überlagern.	"Verbinden" von Stoff und Energie	

Bild 16: Systematik für die Grundoperation "Entspeichern" von Stoffen

5. Schlußbetrachtung

Die physikalisch-algorithmische Konstruktionsmethodik ist so
konzipiert und angelegt, daß sie bei geringerem Zeitaufwand zur
Entwicklung besserer Produkte als die konventionelle Konstruktion führt. Sie ermöglicht es dem Konstrukteur, in jeder Phase
der Produktentwicklung systematisch alle existenten Lösungswege aufzuzeigen und aus ihnen den für den betreffenden Fall
günstigsten auszuwählen und weiter zu bearbeiten.

Charakteristisch für die Methode ist, daß sie neben Vorgehens-
richtlinien und Algorithmen für alle Entwicklungsphasen stan-
dardisierte Hilfsmittel anbietet.

Im Übergangsbereich zwischen der Funktionssynthese und der
Qualitativen Synthese - dem Arbeitsschwerpunkt dieses Vorhabens
- sind dies die Systematiken physikalischer Effekte und die
zugehörigen Prinzipkataloge für jede Grundoperation.

Ziel des Vorhabens war es, die bisher noch fehlenden Unterlagen für den Stoffumsatz bereitzustellen.

Eine umfassende Analyse aller Grundoperationen im Hinblick auf
ihre Bedeutung für den Stoffumsatz ergab, daß es für einige
wenige Operationen nicht erforderlich ist, die angesprochenen
Hilfsmittel zu erstellen.

Die Hilfsmittel für die übrigen Grundoperationen wurden im Rahmen dieses Forschungsvorhabens erarbeitet und zum Teil in den
Zwischenberichten veröffentlicht; ergänzend werden in diesem
Bericht die restlichen Systematiken und Prinzipkataloge vorgestellt.

Da diese Unterlagen in die Konstruktionslehre einfließen und
in Zukunft einem breiten Spektrum von Benutzern zur praktischen
Anwendung in der Konstruktion als auch in der theoretischen
Ausbildung während des Studiums zur Verfügung stehen sollen,
ist ihre Veröffentlichung in der Neuauflage von (7) vorgesehen.

Aachen, den 31. Januar 1978

6. Literatur

6.1 Literatur zum Text

1. Koller, R.
Ein Weg zur Konstruktionsmethodik
Konstruktion 23 (1971) S. 388 - 400

2. Koller, R.
Methodisches Konstruieren in der Konzepterarbeitungsphase
Industrie-Anzeiger 94 (1972)
S. 336 - 342

3. Koller, R.
Eine algorithmisch-physikalisch orientierte Konstruktionsmethodik
VDI-Zeitschrift 115 (1973) S. 147 - 150, 309 - 317, 843 - 847, 1077 - 1085

4. Koller, R.
Physikalische Grundfunktionen zur Konzeption technischer Systeme
Industrie-Anzeiger 17 (1975)

5. Beitz, W., Pahl, G.
Konstruktionslehre
Springer Verlag, Berlin, Heidelberg, New York 1977

6. Farwick, H.
Systematisches Entwickeln, Selektieren und Optimieren von Konstruktionen, ein Beitrag zur Konstruktionssystematik
Diss. TH Aachen 1974

7. Koller, R.
Konstruktionsmethode für den Maschinen-, Geräte- und Apparatebau
Springer Verlag 1976

6.2 Literatur zu den Prinzipkatalogen

1. Zeller, W.,   Das physikalische Rüstzeug des
   Franke, A.   Ingenieurs
                      9. Auflage
                      Technik-Tabellen-Verlag, Fikentscher
                      u. Co.
                      Darmstadt 1970

2. Westphal, W.H.   Physik
                      25./26. Auflage
                      Springer Verlag Berlin, Heidelberg,
                      New York 1970

3. Gerthsen, Chr.,   Physik
   Kneser, H.O.   11. Auflage
                      Springer Verlag, Berlin, Heidelberg,
                      New York 1970

5. Fleischmann, R.   Einführung in die Physik
                      Physik-Verlag, Verlag Chemie 1973

11. Hollemann, A.F., Anorganische Chemie
    Wiberg, E.   71./80. Auflage
                      Walter de Gruyter Verlag u. Co. 1971

32. Winnacker,   Chemische Technologie
    Küchler   Bd. 6 Metallurgie
                      Carl Hanser Verlag
                      München 1973

33. Tränkner, G.   Taschenbuch Maschinenbau
                      Bd. 3 Stoffumformung
                      VEB-Verlag Technik Berlin, ca. 1970

34. Vauck, W.R.A.,   Grundoperationen chemischer Verfah-
    Müller, H.A.   renstechnik
                      2. Auflage
                      Verlag Theodor Steinkopff
                      Dresden und Leipzig 1974

- 37 -

50. Vollheim, R.   Pneumatischer Transport, Beitrag zur
           Theorie und Anwendung feststoffbela-
           dener Gasströmungen
           VEB Deutscher Verlag für Grundstoff-
           industrie
           Leipzig 1971

61. Reimbert, M.A.   Silos
           Berechnung, Betrieb und Ausführung
           2. Auflage
           Bauverlag GmbH, Wiesbaden - Berlin
           1975

62. Gross, F.   Stahlbehälter für flüssige und gasför-
           mige Stoffe
           Werner Verlag, Düsseldorf 1961

70. Zillich, E.   Fördertechnik
           Bd. 2
           Mechanisch arbeitende Stetigförderer
           Werner Verlag, Düsseldorf 1972

72. Hildebrand, S.   Feinmechanische Bauelemente
           2. Auflage
           Carl Hanser Verlag
           München 1972

79. Backé, W.   Grundlagen der Ölhydraulik
           Vorlesungsumdruck 1971

80. Schiefer, K.   Verfahrenstechnik
           RoRoRo Technik Lexikon 1972

81. Brauer, H.   Grundlagen der Einphasen- und Mehr-
           phasenströmung

121. Trutnovski, K.   Berührungsfreie Dichtungen
           VDI-Verlag GmbH
           3. Auflage 1973

342. Schumann, R.   Magnetische Flüssigkeiten
                           Antriebstechnik 14 (1975) 4
                           S. 173 - 177

349. Dosondil, M.   Erzeugen gleichgroßer Tropfen nach
                           dem Abtropfverfahren
                           Chemie-Ingenieur-Technik
                           43. Jg.
                           Heft 21 (1971) S. 1172

FORSCHUNGSBERICHTE
des Landes Nordrhein-Westfalen

Herausgegeben
im Auftrage des Ministerpräsidenten Heinz Kühn
vom Minister für Wissenschaft und Forschung Johannes Rau

Die „Forschungsberichte des Landes Nordrhein-Westfalen" sind in
zwölf Fachgruppen gegliedert:

Geisteswissenschaften
Wirtschafts- und Sozialwissenschaften
Mathematik / Informatik
Physik / Chemie / Biologie
Medizin
Umwelt / Verkehr
Bau / Steine / Erden
Bergbau / Energie
Elektrotechnik / Optik
Maschinenbau / Verfahrenstechnik
Hüttenwesen / Werkstoffkunde
Textilforschung

Die Neuerscheinungen in einer Fachgruppe können im Abonnement
zum ermäßigten Serienpreis bezogen werden. Sie verpflichten sich
durch das Abonnement einer Fachgruppe nicht zur Abnahme einer
bestimmten Anzahl Neuerscheinungen, da Sie jeweils unter
Einhaltung einer Frist von 4 Wochen kündigen können.

WESTDEUTSCHER VERLAG
5090 Leverkusen 3 · Postfach 300 620

GPSR Compliance
The European Union's (EU) General Product Safety Regulation (GPSR) is a set
of rules that requires consumer products to be safe and our obligations to
ensure this.

If you have any concerns about our products, you can contact us on

ProductSafety@springernature.com

In case Publisher is established outside the EU, the EU authorized
representative is:

Springer Nature Customer Service Center GmbH
Europaplatz 3
69115 Heidelberg, Germany